給孩子的

漢字故事繪本

編著 —— 鄭庭胤　　繪圖 —— 陳亭亭

中華教育

給孩子的話

　　小朋友，偷偷告訴你一個祕密，遠在上古時期，我們的老祖先便靠着一代傳一代，將一個大祕寶流傳至今。如此珍貴的寶藏，究竟是來自龍宮的金銀珍珠，還是玉皇大帝的仙丹妙藥呢？答案可能要叫你大吃一驚了，那就是我們生活中無所不在的「漢字」。

　　你可能會很不服氣，說：「這才不是寶藏呢！」但是先別急，試着想像一下，要是沒有文字，這世上會發生甚麼事呢？

　　在古時候，史官靠着手上一枝筆紀錄國家發生的大小事，要是文字消失，歷史也就跟着隱沒在時光中；世上如果沒有文字，我們就沒有課本能夠使用，得在老師講課時，一口氣記下所有知識，可真叫人頭昏眼花！幸好，漢字解決了這些麻煩，就算不必發明時光機器或記憶藥水，我們也能知曉天下事、學習前人的智慧，這麼看來啊，就算說漢字比金銀財寶更加珍貴，也不為過呢！

　　說到這裏，你是不是開始對漢字刮目相看了呢？在這本書裏，邀請到好多漢字朋友來聊聊他們的過去與近況，趕快翻開下一頁，漢字們要開始說故事囉！

目　錄

力

lì

丩 → ∫ → 力 → 力

　　古文中，「力」字畫的是一種用來挖掘植物或耕田的農耕用具，跟我們現在看到的犁有幾分相似。使用時農人必須將木棒「丿」的尖端插入土裏，用力踩下踏腳的橫木「乀」，讓木棒深入地下，再翻出土壤。

　　演變到金文時，「力」字用來翻土的前端變成三個尖頭「∃」，並把腳踏的橫木省略掉了。因為使用這種器具耕田需要花費力氣，所以「力」字就多了體力、力氣的意思。

4

小教室：

　　你有沒有觀察過螞蟻呢？螞蟻的身體相當微小，但許多隻聚集在一起，卻可以抬起比牠們龐大許多的方糖或昆蟲。

　　一個人能做到的事或許很有限，但只要集結眾人「戮力同心」，就能發揮巨大的力量喔！

5

白

　　「白」字由「日」字和上面的一點組成，那一點是個指事符號，用來表示太陽發出的光芒。

　　你看過日出的景象嗎？直到太陽的上緣浮出地平線，早晨才算是真正到來，但太陽升起來之前，我們其實已經能看到從地平線下透出來的光線了。這時的陽光還很微弱，會把東方的天空照出魚肚一樣的白色，於是古人想找一個字代表「白色」時，就借用了「白」字。

小教室：

在中華文化裏，白色通常是厄運、死亡的象徵，要是有人過世，家屬們就會穿着白色的喪服舉辦葬禮。

但在許多其他地區，白色具有純潔高雅的意義，所以西方人的婚紗通常是純白的，連日本也有一種叫做「白無垢」的傳統婚服呢！

wǒ

我

犾 → 犾 → 我 → 我

　　當我們稱呼自己時，會使用「我」作為代名詞，但很久以前，這個字的意義跟現在可大不相同。

　　甲骨文中的「我」字代表一種古代兵器，除了以青銅打造出鋒利尖刺，它還有三排利齒「ヨ」，使用時會裝在長柄「｜」上，揮舞起來連皮製盔甲都難以抵擋。

　　後來人們想找個字來代表自己，便借了「我」字去使用。

小教室：

看古裝劇的時候，你會不會對各種人物的自稱感到混亂呢？

皇帝總是稱呼自己「朕」，書生稱自己為「小生」，恭敬的對話中則常常出現「在下」、「敝人」等稱呼。跟現代比起來，古代用來稱呼自己的代名詞可說是五花八門呢！

rén

仁

㇏ → 仁 → 仁

　　「仁」代表一種儒家的道德觀念，指的是要抱持一顆愛人的心，友善對待他人、互助互諒；我們平時說的孝順父母、兄友弟恭，都包含在「仁」的範圍裏頭。

　　「仁」字由「人」與「二」組合而成，有着「兩人」的意思，當人與人相親相愛，這種精神就是「仁」了。

小教室：

　　對於自己有辦法盡一份心力的善事，我們應該要有「當仁不讓」的精神，積極主動參加，除了可以幫助他人之外，也能豐富自己的經歷喔！

　　你曾經當過班上的幹部，或者對需要幫助的人伸出援手嗎？

fù

父

生活在古代可不輕鬆，許多生活必需品都得依靠勞力換取。這些吃力的工作該由誰負責呢？古代的生活分工相當明確，女人操持家內大小事，出外勞動則是男人的責任。

甲骨文裏，「父」字畫的是一隻手「彐」拿着斧頭「丨」，兩個象形字合在一起，用來代表從事勞動的「父親」。

小教室：

大部分的國家將父親節訂於六月的第三個星期天。

在這天裏，可別忘了對爸爸，或者對平時像父親一樣照料你的人，大聲說句「父親節快樂！」。

mǔ

母

夗 → 申 → 枣 → 母

「母」代表生育或者撫養小孩的女性，也就是我們常說的「媽媽」。

媽媽辛苦懷胎十個月，產下小嬰兒後，乳房會開始分泌母乳，那可是餵養小嬰兒的重要糧食呢！因為只有女人能生育小孩，所以「母」字的甲骨文以女字「夗」為基礎，再加上代表乳房的兩點「ハ」，以能夠哺乳的女性象徵母親。

小教室：

　　只要走進便利商店，隨時能買到美味的鮮奶，但你注意過嗎？人類跟乳牛一樣，都是哺乳動物大家族的一分子。

　　哺乳動物的種類琳瑯滿目，包含嬌小的黃金鼠，與世上最龐大的動物──藍鯨；我們的外型天差地遠，卻還是有共同之處，這是不是很奇妙呢？

家

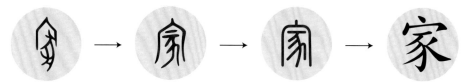

「家」字代表一個穩定的居所，上面畫着房屋「∧」，底下則畫着一隻豬「豕」。

豬隻跟「家」有甚麼關係呢？原來在物資缺乏的古代，圈養家畜可以確保食物的來源，豬隻不僅是生活穩定的象徵，也是祭拜祖先或神明時不可或缺的祭品。

豬在古人的生活中如此重要，可說是「無豬不成家」。

小教室：

　　家是永遠的避風港，讓我們能夠好好放鬆，重新充電再出發。但是，家人間也可能因為太過親近，忘了要保持對彼此的尊重與禮貌。

　　你有沒有類似的經驗呢？與家人發生不愉快時，你是怎麼解決的？

lǎo

老

甲骨文 → 金文 → 篆文 → 楷書

「老」字指的就是老人。隨着年齡增長，人的身體機能將會漸漸退化，聽力下降、視力模糊，而最明顯的特徵是身上的毛髮變白。

「老」字的甲骨文畫得很生動，像是一個有着長毛髮「毛」、背脊微彎的老人「彡」挂着拐杖「丁」；到了篆文時，則把枴杖的部分改成「化」的簡寫「匕」，跟其他部分合起來看，就有了毛髮化為白色的意思，象徵老人。

小教室：

　　老年人通常經驗豐富，具備許多值得我們學習的人生智慧，所以有句俗話說「家有一老，如有一寶」。

　　有空多聽爺爺奶奶講述他們的人生故事吧，或許你能得到不少收穫喔！

xiōng

兄

𠙺 → 𠇍 → 兄 → 兄

　　「兄」是指有着共同血緣，輩分相同，但是比自己年長的男性。現代我們常用的稱呼是「哥哥」，但「哥」字最早是代表唱歌的「歌」，直到時代變遷，才出現以「哥」字表示兄長的用法。

　　兄長因為年紀較大，具有督導弟弟妹妹的責任，所以「兄」字由一個側面站立的人形「亻」和上方的嘴巴「𠙵」組合而成，就像兄長開口發號施令，管教家中的弟妹。

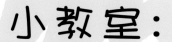

小教室：

　　「兄弟鬩牆」指的是兄弟或親近之人關係不和，常常起爭執。

　　你是獨生子女，還是有着兄弟姊妹呢？生在同個家庭代表你們很有緣分，可要好好珍惜，相親相愛。

lì

立

　　「立」字的甲骨文畫的是一個有着頭部、軀幹和四肢的人「𡗗」張開手腳，站在地上「一」的模樣。

　　除了「站立」的意思之外，「立」在古時候也意指站立的範圍，後來人們替它加上一個「人」字旁，另造「位」字來代表此意。

22

小教室：

五月五，慶端午。除了觀賞龍舟比賽，品嘗香噴噴的粽子外，端午節還有立雞蛋的習俗。

雞蛋的形狀圓滾滾，難以站立，但據說在端午節的中午時分，雞蛋會比平時容易立起來。要是有機會，你也不妨體驗看看。

52

gōng

公

公 → 公 → 公 → 公

「公」是個象形字，本來意指一種稱為甕的容器。甕通常由陶土捏製，有着圓形底部，而寬敞的大肚腩能夠裝下許多東西，通常用來釀酒或者醃漬食品。

「公」字下方的「口」代表甕的身體，上方還畫着甕身兩側的把手「八」。後來，「公」字被借去代表公正無私、公平的意思，最原始的含意就漸漸消失了。

小教室：

　　無論是法官的判決，或者警察偵辦案件，都必須秉持「大公無私」的態度。

　　你曾擔任過風紀隊長嗎？風紀隊長就像班上的警察，管理秩序時一定要公正不偏心，才值得同學們信賴。

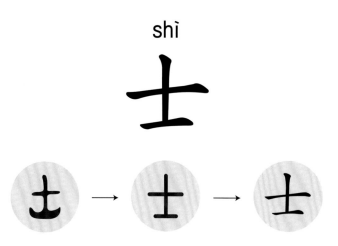

shì

士

「士」的本義是武士。「士」字畫的是一柄與斧頭相似的兵器，斧刃朝下「⌣」，上方的部分則是斧柄「十」，兩者合在一起，用來代表手持兵器作戰的武士。

有沒有發現「士」字跟「王」字長得很像呢？原來在甲骨文裏，它們是同一個字；因為古代只有王者可以擁有軍隊，所以武士手持的斧鉞，同時也視為王權的象徵。

小教室：

　　除了「王」字之外，泥土的「土」字也常常被誤認為「士」。下次如果分不出來，只要記得「土」字的下橫代表遼闊的大地，所以比上橫還要長，這樣就很好辨認了。

朋

丰丰 → 丰丰 → 朋

在古代，貝殼可以拿來交換商品，久而久之形成了一種貨幣。為了攜帶方便，貝殼貨幣上通常會穿孔，再用繩子穿過小孔串起來。

「朋」畫的是兩串貝殼「丰」串在一根繩子「一」上的模樣，用來代表貝殼幣的單位。而現代的「朋」字多半用來代表朋友、志趣相投的人。

小教室：

　　「有朋自遠方來，不亦樂乎？」連孔子都認為，擁有志同道合的友人實在是人生一大樂事。

　　你有知心的死黨嗎？平時試着多與他人交流，或許能夠結交更多興趣相同的朋友呢！

kè

客

家 → 家 → 客

　　在金文裏，「客」字上方畫的是房子「宀」，代表客人來訪的場所；下方的「各」則像一隻腳「夂」朝着洞穴「口」前進，有着進入、到來的意思。這種從外面前來拜訪的人，我們就稱之為「客」。

小教室：

除了待客時要保持禮貌，若是有機會拜訪同學家，也要遵守客人該有的禮節。

進門時別忘了向大家打招呼，離開前，也要記得感謝對方的辛苦招待喔！

化

§ƒ → 北 → ᠕ᠮ → 化

　　「化」字的本義是變化，意思是事物發生改變，從原本的狀態轉化成另一種型態。

　　「化」字的甲骨文「§ƒ」畫了兩個人背對着背，無論上下左右，兩個人形的方向完全顛倒過來了，因此，我們不難聯想出「變化」的意思。

小教室：

　　古人在觀察大自然時，發現螢火蟲會從腐爛的草中飛出，因此就有了「腐草化螢」的說法。

　　這種觀念是錯誤的，其實螢火蟲只是將卵產在草葉間，當微小的卵孵化時，看起來就像螢火蟲憑空變了出來，也難怪古人會以為腐草能化螢了。

心

　　把手按在左邊的胸口，你有沒有感受到心臟的跳動呢？心臟是體內的幫浦器官，透過輸送血液，心臟能使身體各部位獲得氧氣和養分，並幫忙移除身體產生的廢棄物。

　　「心」字是個象形文字，在甲骨文裏，我們可以清楚看見心臟的外型「♡」，裏頭的兩撇則代表瓣膜「八」，作用是防止血液往錯的方向逆流。除了代表心臟這個器官，「心」字也能用來表示感情跟思想，因為古人認為心臟是精神所在之處。

小教室：

　　由於科學的進步，現在我們都知道，腦部才是真正進行思考、控制感情的器官。

　　但你發現了嗎？直到現在，我們在表示「愛」的時候，還是會使用鮮紅色的心臟符號呢！

血

古時候為了對神靈表達敬意或祈求保佑，會舉行祭祀，向神靈獻上酒肉等豐厚祭品，有時還包括牲畜的血。

「血」字畫的就是一個容器「 」裏裝着血液「 」，用來表示祭祀時獻給神靈的牲血。而演變到後來，「血」字的意思變得越來越廣，所有生物的血液都可以稱為「血」。

小教室：

　　不小心跌一跤，流血了！這時候別擔心，只要好好擦藥包紮，傷口很快就會自然止血了。這是因為血液中有種叫做血小板的細胞，它就像修補傷口的水泥匠，會在受傷處凝聚起來，替我們把流血的部位堵住。

gŭ

骨

ㄅ → W → 骨 → 骨

　甲骨文裏，「骨」字畫的是骨骼互相連結的模樣「ㄅ」。

　骨骼是動物體內堅硬的組織，用來保護內臟、支撐身體，也是運動時不可或缺的構造。肌肉伸縮時會牽動骨骼，所以「骨」字演變到後來，下方就多加了一個肉「月」。

小教室：

　　因為骨頭和肉彼此相連，所以「骨肉」也用來比喻家人，或者密不可分的關係。在稱呼親愛的對象時，我們常會說對方是「心肝寶貝」，意思是像心臟和肝臟一樣珍貴。

　　人體器官不僅是我們身上的小幫手，也是古人創造詞語時的好伙伴呢！

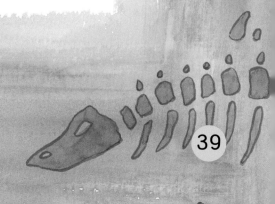

zhǎo / zhuǎ

爪

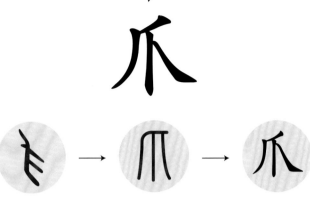

　　「爪」的本義是用手拿取東西。在甲骨文裏，「爪」字畫的是一隻手掌，雖然五根指頭被省略兩根，但還是可以看出張開手指抓持物品的姿態。

　　「爪」字也可以代表動物的指爪，人類、鳥獸的手腳末端通常會生長這種堅硬的角質。

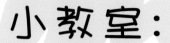

小教室：

　　飛舞的雁鳥要是踩上雪地，就會留下爪子的印記，所以「雪泥鴻爪」也被拿來比喻往事留下來的痕跡。

　　你有寫日記的習慣嗎？流逝的時間不會重來，但我們可以透過寫日記和拍照來記錄生活喔！

yá

牙

Ⴔ → 𠂤 → 牙

　　「牙」字指的就是牙齒。牙齒存在於動物的口腔中，由堅硬的鈣化組織形成，可以用來咀嚼食物，或者作為狩獵、防禦用的武器。

　　「牙」字的甲骨文畫的是上方牙齒「∩」與下方牙齒「∪」交錯的樣子，當牙齒互相咬合起來，就能像石臼一樣磨碎食物。我們現在把「牙」跟「齒」並稱為牙齒，但在古時候，「齒」字專指前排的門牙，「牙」字則代表口腔後方的臼齒。

小教室：

　　「牙痛不是病，痛起來要人命。」牙齒影響着咀嚼，一旦牙齒生病了，人的食慾就會降低，久而久之連身體也跟着變差。所以若是蛀牙了，記得要請家長帶你去看牙醫，平常也要定期檢查口腔。

43

毛

毛 → 毛 → 毛

「毛」字是個象形字，畫的是毛髮冒出皮膚，聚集叢生的模樣。

毛髮最主要的功能是維持體溫穩定、保護底下的皮膚，有些動物的毛髮則會配合環境改變顏色，靠著融入周遭，以減少被掠食者發現的危險。

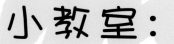

小教室：

　　「一毛不拔」是形容一個人吝嗇、小氣，連一根寒毛都不願意拔取。因為這個成語的緣由，小氣的人通常也被稱為「鐵公雞」，由於它是鐵做成的，毛自然也就拔不動了！

kàn

看

看 → 看

　　光線進入眼睛後，會在視網膜上形成影像，最後再由大腦接受訊息，產生視覺，這就是「看」的意思，但是如果光線太過強烈，眼睛就會感到不適，反而無法看清前方的景象。

　　「看」字由手「𠂇」和眼睛「目」組成，看起來是不是很像為了看清前方，而用手在眼睛上搭了個遮陽棚的模樣呢？

46

小教室：

　　「刮目相看」是指進步後的表現出色，令人使用全新的眼光去看待。

　　開始學習新的事物時，誰都可能會遭遇不少挫折，但千萬別氣餒，只要每一次都比上次做得更好，終有一天能讓人刮目相看。

給孩子的
漢字故事繪本

編著 —— 鄭庭胤　　繪圖 —— 陳亭亭

出版 / 中華教育

香港北角英皇道 499 號北角工業大廈 1 樓 B

電話：(852) 2137 2338 傳真：(852) 2713 8202

電子郵件：info@chunghwabook.com.hk

網址：http://www.chunghwabook.com.hk

發行 / 香港聯合書刊物流有限公司

香港新界大埔汀麗路 36 號 中華商務印刷大廈 3 字樓

電話：(852) 2150 2100 傳真：(852) 2407 3062

電子郵件：info@suplogistics.com.hk

印刷 / 海竹印刷廠

高雄市三民區遼寧二街 283 號

版次 / 2018 年 12 月初版

規格 / 16 開（260mm x 190mm）

ISBN / 978-988-8571-50-5

責任編輯：練嘉茹

封面設計：小草　馬楚燕